JINGDIAN BINGQI DIANCANG

经典兵器典藏

火力覆盖——

机枪

崔钟雷 主编

知识出版社

100 CAL. .50
API-M8 IN CARTONS
LOT   18130

拂去弥漫的战场硝烟
续写世界经典兵器的旷世传奇

  自古至今,战争中从未缺少兵器的身影,和平因战争而被打破,最终仍旧要靠兵器来捍卫和维护。兵器并不决定战争的性质,只是影响战争的进程和结果。兵器虽然以其冷峻的外表、高超的技术含量和强大的威力成为战场上的"狂魔",使人心惊胆寒。但不可否认的是,兵器在人类文明的发展历程中,起到了不可替代的作用,是维持世界和平的重要保证。

  我们精心编纂的这套《经典兵器典藏》丛书,为读者朋友们展现了一个异彩纷呈的兵器世界。在这里,"十八般兵器应有尽有,海陆空装备样样俱全"。只要翻开这套精美的图书,从小巧的手枪到威武的装甲车;从潜伏在海面下的潜艇到翱翔在天空中的战斗机,都将被你"一手掌握"。本套丛书详细介绍了世界上数百种经典兵器的性能特点、发展历程等充满趣味性的科普知识。在阅读专业的文字知识的同时,书中搭配的千余幅全彩实物图将带给你最直观的视觉享受。选择《经典兵器典藏》,你将犹如置身世界兵器陈列馆中一样,足不出户便知天下兵器知识。

编 者

目录 CONTENTS

轻机枪

 # 重机枪

目录

CONTENTS

 ## 通用机枪

轻机枪

美国 M1941 轻机枪

　　第二次世界大战期间,日本偷袭珍珠港迫使美国加入战争。此时,美国海军陆战队自动武器不足的问题更加严重。于是,美国海军陆战队决定采用约翰逊 M1941 轻机枪作为海军陆战队的制式兵器。根据 1942 年批准的美国海军陆战队武装编制表,团级部队装备 87 挺约翰逊 M1941 轻机枪。M1941 轻机枪的部件很少,在低温、扬沙等环境中有稳定的表现,第二次世界大战结束后,M1941 轻机枪的衍生型号依然活跃在世界各国的军队中。

▶ **地位**

　　M1941 轻机枪性能出色、维护简单,是美国在第二次世界大战期间装备的重要武器。

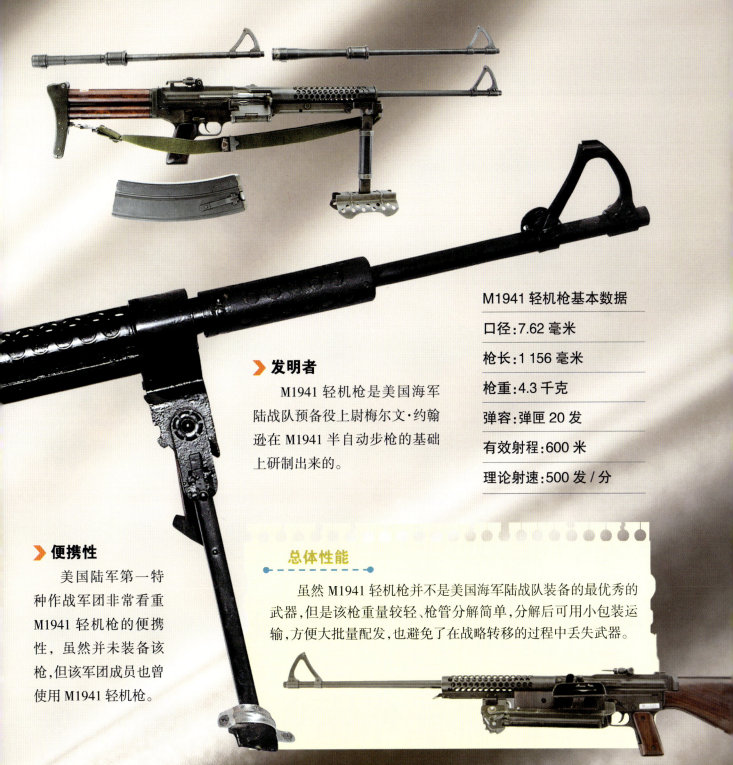

❯ 发明者

M1941 轻机枪是美国海军
陆战队预备役上尉梅尔文·约翰
逊在 M1941 半自动步枪的基础
上研制出来的。

M1941 轻机枪基本数据

口径：7.62 毫米

枪长：1 156 毫米

枪重：4.3 千克

弹容：弹匣 20 发

有效射程：600 米

理论射速：500 发 / 分

❯ 便携性

美国陆军第一特
种作战军团非常看重
M1941 轻机枪的便携
性，虽然并未装备该
枪，但该军团成员也曾
使用 M1941 轻机枪。

总体性能

虽然 M1941 轻机枪并不是美国海军陆战队装备的最优秀的
武器，但是该枪重量较轻、枪管分解简单，分解后可用小包装运
输，方便大批量配发，也避免了在战略转移的过程中丢失武器。

美国 斯通纳 63 轻机枪

斯通纳 63 轻机枪在更换不同部件后可转换成步枪,作战适应性比较强。

斯通纳 63 轻机枪是模块化设计思想的产物,设计该枪的目的是为野战部队提供一种可根据战场变化而改变的全能武器,以使加工制造和后勤供应大为简化。当时,这种设计思想受到了质疑,因为在战场上改装枪型不是一件方便的事情,一个士兵通常只精通一种主要武器,而且不可能背着一大堆改装配件上战场。

设计特点

斯通纳 63 轻机枪采用开放式枪机设计,可快速更换枪管,方便发射不同口径的子弹。

4

最终命运

　　斯通纳 63 轻机枪深受美国海军陆战队和"海豹"突击队的喜爱，但最终并没有被定为制式装备，因为当时负责后勤供应的陆军器材司令部决定把 6 毫米口径的机枪定为未来轻机枪的发展方向。

▶ 收藏珍品

　　现存的斯通纳 63 轻机枪数量很少，在民用市场上该枪很受私人收藏家的欢迎。

斯通纳 63 轻机枪基本数据

口径：5.56 毫米

枪长：1 020 毫米

枪重：5.31 千克

弹容：弹链 150 发

有效射程：500 米

理论射速：550 发 / 分

美国 M249 轻机枪

M249 轻机枪基本数据

口径：5.56 毫米

枪长：1 040 毫米

枪重：10 千克

弹容：弹链 200 发 / 弹鼓 100 发 / 弹匣 30 发

有效射程：580 米

理论射速：750 发 / 分

▶ 改进升级

改进或升级后的 M249 轻机枪可以通过导轨加装激光指示器、瞄准镜等战术配件。

M249 轻机枪是以比利时 FN 米尼米机枪为原型研制成功的，又称为班用自动武器。它发射 5.56 毫米口径的北约标准弹药，是一种小口径、高射速的轻机枪，于 1982 年 2 月 1 日正式列装美军。持枪人员在站立时或行进中均可用该枪完成射击，也可将其架设于火力阵地上，作为美军的班用自动武器，以提供密集、强大的火力支援。M249 轻机枪装备有折合式两脚架，也可使用固定的 M2 三脚架，其枪托和枪管也有多种型号可供选择。目前，已有三十多个国家装备 M249 轻机枪。

▶ 实战表现

M249 轻机枪在伊拉克战争中有良好的表现，但该枪也暴露出了抵肩射击时难以控制、两脚架影响近战灵活性、采用弹匣供弹故障率高等缺点。

供弹系统

M249 轻机枪采用两用供弹系统，即使原有弹链用尽，也可以换装指定的弹匣或弹鼓继续射击。

俄罗斯 DP 轻机枪

》"转盘机枪"

　　DP 轻机枪只能采用弹盘供弹,该枪也因此被称为"转盘机枪"。单一的供弹方式在一定程度上限制了 DP 轻机枪的战场适应性。

　　1926 年,苏联工兵中将瓦西里·捷格加廖夫设计出一种结构独特的轻机枪。该枪于 1927 年设计定型并开始制造,并于 1928 年正式列装军队。该枪是苏联在第二次世界大战中装备的主要轻机枪,军队称其为 DP 轻机枪,国际上一般称它为捷格加廖夫轻机枪。DP 轻机枪结构简单,整个机枪仅有 65 个零件,其制造工艺简单,适合大批量生产,而且机构动作可靠。DP 轻机枪于 1944 年被重新设计定型,改称为 DPM 轻机枪。DPM 轻机枪在第二次世界大战时期颇受苏联士兵的欢迎。

▶ 瞄准装置

DP 轻机枪的瞄准具由柱形准星和"V"形缺口照门、弧形表尺组成。

▶ 枪管设计

DP 轻机枪的枪管与机匣采用固定式连接,枪管不能随时更换,需要经常保养。

▶ 两脚架

DP 轻机枪的枪身下方装设两脚架,方便卧射并提高射击精度。

DP 轻机枪基本数据

口径	7.62 毫米
枪长	1 270 毫米
枪重	9.1 千克
弹容	弹鼓 47 发
有效射程	800 米
理论射速	600 发 / 分

俄罗斯 RPK-74 轻机枪

20 世纪 70 年代中期,卡拉什尼柯夫设计组成功研制了一种新型 5.45 毫米口径轻机枪,该机枪与 AK74 突击步枪同属一族。这种新型班用机枪采用木质固定枪托,被称为 RPK-74 轻机枪。RPK-74 轻机枪结构简单可靠、重量轻、口径小。相对于 AK74 突击步枪,RPK-74 轻机枪的枪管更长、更重,其弹头初速高达 960 米 / 秒。另外,RPK-74 轻机枪还有加强的机匣和可调风偏的照门及一个轻型的两脚架。RPK-74 轻机枪于 1970 年列装军队,现在俄罗斯军队仍在使用该枪。

RPK-74 轻机枪基本数据

口径:5.45 毫米

枪长:1 060 毫米

枪重:5.15 千克

弹容:弹匣 45 发 / 弹鼓 75 发

有效射程:1 350 米

理论射速:600 发 / 分

▶ 长弹匣

RPK-74 轻机枪可采用容量为 45 发的长弹匣供弹,这可以在一定程度上实现火力持续性和战场机动性之间的平衡。

折叠枪托

部分型号的 RPK-74 轻机枪采用可折叠的木制枪托,这在很大程度上提升了 RPK-74 作为一把轻机枪的机动性能,这对于适应多变的战场环境有重要意义。

俄罗斯 RPD 轻机枪

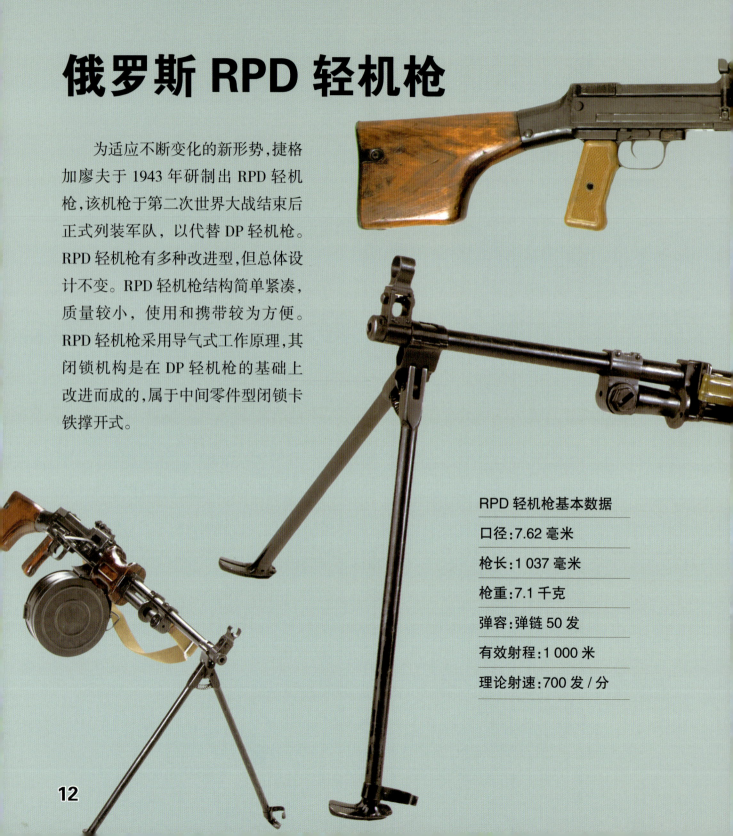

为适应不断变化的新形势，捷格加廖夫于 1943 年研制出 RPD 轻机枪，该机枪于第二次世界大战结束后正式列装军队，以代替 DP 轻机枪。RPD 轻机枪有多种改进型，但总体设计不变。RPD 轻机枪结构简单紧凑，质量较小，使用和携带较为方便。RPD 轻机枪采用导气式工作原理，其闭锁机构是在 DP 轻机枪的基础上改进而成的，属于中间零件型闭锁卡铁撑开式。

RPD 轻机枪基本数据

口径：7.62 毫米

枪长：1 037 毫米

枪重：7.1 千克

弹容：弹链 50 发

有效射程：1 000 米

理论射速：700 发 / 分

▶ 枪管

RPD 轻机枪的枪管是固定的，经过长时间连发射击后，枪管会因过热而发生"自爆"。

供弹方式

RPD 轻机枪采用弹链供弹，弹链装在弹链盒或弹鼓内，弹链盒挂在机枪的下方，弹鼓可插在机匣下方的一个导槽里。其整装式弹链是金属的，链节由上面打开，链节之间均由金属弹簧连接。

▶ 制造简单

RPD 轻机枪结构简单，全枪仅有 65 个零件，对制造工艺要求不高，方便大批量生产。

德国 MG13 轻机枪

MG13 在中国

在中国，MG13 轻机枪在中国军队的抗日战争中发挥了重要的作用。

枪管

MG13 轻机枪的枪管被包在布满小洞的枪管套中，散热迅速而且重量较轻，而枪管根部还有把手，不仅方便持枪，而且有利于快速更换枪管。

两脚架

MG13 轻机枪配备可折叠两脚架，可提高射击稳定性和射击精准度。

弹匣和子弹

MG13 轻机枪所使用的弧形弹匣可以装在弹匣盒或弹匣袋中，方便携带，而且可以保证射手能够携带尽可能多的弹匣。该枪发射德国毛瑟 98 式 7.92 毫米枪弹，弹壳为无底缘瓶颈式，可进行单、连发射击。

▶▶ 卧射

MG13 轻机枪没有前护木,其主要射击方式为卧射。

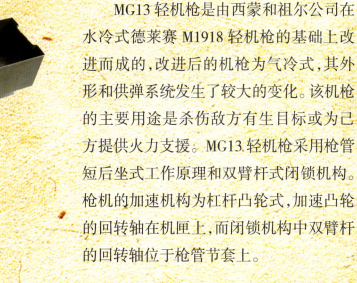

MG13 轻机枪基本数据

口径:7.92 毫米

枪长:1 448 毫米

枪重:12 千克

弹容:弹匣 25 发 / 弹鼓 75 发

有效射程:700 米

理论射速:750 发 / 分

MG13 轻机枪是由西蒙和祖尔公司在水冷式德莱赛 M1918 轻机枪的基础上改进而成的,改进后的机枪为气冷式,其外形和供弹系统发生了较大的变化。该机枪的主要用途是杀伤敌方有生目标或为己方提供火力支援。MG13 轻机枪采用枪管短后坐式工作原理和双臂杆式闭锁机构。枪机的加速机构为杠杆凸轮式,加速凸轮的回转轴在机匣上,而闭锁机构中双臂杆的回转轴位于枪管节套上。

德国 MG4 轻机枪

MG4 轻机枪基本数据

口径：5.56 毫米

枪长：1 030 毫米

枪重：7.9 千克

弹容：弹链 100 发

有效射程：700 米

理论射速：800 发 / 分

▶▶ 设计特点

MG4 轻机枪的导气装置位于枪管下方，枪管可以快速拆卸和更换。

MG4 轻机枪原名为 MG43，在正式列装德国军队后改称为 MG4，以取代 MG3 轻机枪。该机枪的设计主旨是打造一款轻型、左右手皆可操作的轻机枪。MG4 轻机枪可通过导轨加装各种战术配件，该枪配有可折叠的两脚架，并且枪身上有标准的 M2 轻型三脚架和车载射架接口，配备三脚架后的射击精度较高。其塑料枪托可向左折叠，折叠后不影响操作。MG4 轻机枪只能进行全自动射击，发射 5.56×45 毫米子弹。表尺射程可达 1 000 米，准星位于枪管上，不用时可向下折叠。

MG4 轻机枪的结构精密，并拥有超过使用者预期的高精度，这造成了 MG4 轻机枪发射出的子弹不能形成一定的散布范围，进而影响到了 MG4 轻机枪的火力，这也是 MG4 作为机枪的最大缺点。

▶ 战术导轨

MG4 轻机枪的机匣顶部有皮卡汀尼导轨，机械瞄准具的照门座就安装在导轨上。

德国 HK23/HK13 轻机枪

HK23 轻机枪采用弹链供弹,弹链可以放置在一个长方形弹箱内并挂在枪身下, 也可以通过安装弹匣适配器使用步枪弹匣。另外,HK23 轻机枪还有一种使用弹匣供弹的变型枪——HK13 轻机枪。

HK13 轻机枪是一种配用 5.56 毫米枪弹的轻机枪, 该枪和 HK33 步枪的总体设计特点基本相同,两者的动作原理完全相同,外形尺寸也差不多。但 HK13 作为轻机枪,可以快速更换枪管,可单、连发射击。该枪目前主要列装东南亚国家。

使用情况

HK23 轻机枪并没有大规模列装德国国防军,目前,只有少量 HK23 轻机枪列装德国特种部队。

HK23 轻机枪基本数据

口径：5.56 毫米

枪长：1 030 毫米

枪重：8.7 千克

弹容：弹链 100 发

有效射程：550 米

理论射速：800 发 / 分

▶ 射击模式

　　HK23 轻机枪有多种射击模式可以选择，包括单发、3 发点射和全自动射击。

▶ 优点

　　HK23 轻机枪结构简单、动作可靠、生产工艺性好。

19

比利时 Mk46 MOD 0 轻机枪

Mk46 MOD 0 轻机枪是海军定型的，因此名称以 Mk 开头；MOD 0 即 0 型的意思。该枪是美国陆军和海军陆战队的常规装备，另外，该机枪也列装美国特种部队。Mk46 MOD 0 轻机枪的枪管上有散热槽，既可延长枪管寿命，也可减轻重量。一般情况下，一名特种部队成员可携带 600 发枪弹，如果不更换枪管，发射完这些枪弹大约需要两分钟。Mk46 MOD 0 轻机枪的枪机和枪机框表面进行了化学镀镍处理，在不涂润滑油的情况下，该枪可以连续发射 1 000 发子弹。

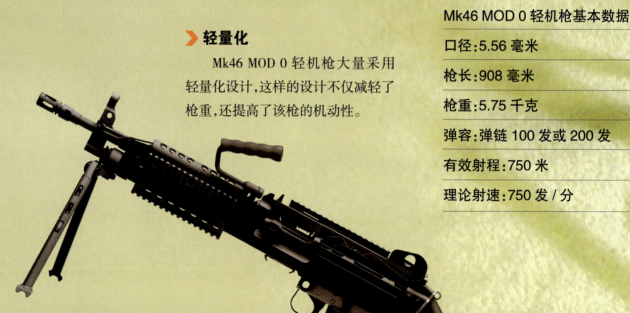

Mk46 MOD 0 轻机枪基本数据

口径：5.56 毫米

枪长：908 毫米

枪重：5.75 千克

弹容：弹链 100 发或 200 发

有效射程：750 米

理论射速：750 发 / 分

❯❯ 轻量化

Mk46 MOD 0 轻机枪大量采用轻量化设计，这样的设计不仅减轻了枪重，还提高了该枪的机动性。

❯❯ 战术配件

Mk46 MOD 0 轻机枪可安装激光指示器和闪光灯，还可安装手枪式握把和一个可拆卸枪架。

▶ 瞄准装置

Mk46 MOD 0 轻机枪在加装电子瞄准装置后，射击精度明显提高。

人性化设计

Mk46 MOD 0 轻机枪采用整合式导气系统，枪械分解简单、方便，不会丢失零件，而在枪械需要快速保养的时候，只需从外部擦拭即可，无须分解。

比利时 Mk48 MOD 0 轻机枪

　　根据美国海军特种部队在 2001 年提出的一项名为 LWMG 的轻武器计划要求，美国海军水面战中心与 FN 公司签订合同，由 FN 公司将 5.56 毫米 Mk46 MOD 0 轻机枪的口径放大成 7.62 毫米，这就是 Mk48 MOD 0 轻机枪。Mk48 MOD 0 轻机枪重量轻，携带方便，并且其 80% 的零部件与 Mk46 MOD 0 轻机枪通用。加上皮卡汀尼导轨系统，Mk48 MOD 0 轻机枪能配备各种不同的瞄准具和 SOPMOD 全部配件。

Mk48 MOD 0 轻机枪基本数据

口径	7.62 毫米
枪长	1 003 毫米
枪重	8.17 千克
弹容	弹链 100 发
有效射程	750 米
理论射速	750 发 / 分

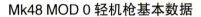

❯ **出色性能**

　　Mk48 MOD 0 轻机枪火力强大，可靠性高，能够在战场上提供强大的火力支援。

❯ **枪托**

　　Mk48 MOD 0 轻机枪有坚固的塑料枪托，可在突然的遭遇战中给敌人致命一击。

▶ 两脚架

Mk48 MOD 0 轻机枪配备可折叠的整体式两脚架，以提高射击稳定性。

▶ 枪管

Mk48 MOD 0 轻机枪的枪管可以快速更换，枪管上方还有一个提把，用于卸下灼热的枪管。

不断改进

FN 公司还在不断改进 Mk48 MOD 0 轻机枪，以使其满足美国军方提出的要求。另外，FN 公司还计划开发 Mk48 MOD 0 轻机枪的专用消声器。

23

英国 布伦式轻机枪

作战用途

布伦式轻机枪的使用范围非常广泛，在第二次世界大战中，无论是在进攻还是在防御中，布伦式轻机枪都能够提供强大的支援火力或掩护火力。

布伦式轻机枪又称布朗式轻机枪，是由 ZB26 轻机枪改进而成的，它同 ZB26 轻机枪一样采用导气式工作原理。布伦式轻机枪于 1935 年被正式定为英国军队制式装备，由恩菲尔德兵工厂制造，于 1938 年投产。该枪具有良好的适应能力，能够提供强大的火力支援，在第二次世界大战中被英联邦国家军队广泛使用。第二次世界大战结束后，众多英联邦国家军队继续装备布伦式轻机枪。布伦式轻机枪历经战争洗礼，被证明是最好的轻机枪之一。

拉机柄

布伦式轻机枪采用可折叠拉机柄，在行军状态可将拉机柄折回，避免行进中被扯挂。

布伦式轻机枪基本数据

口径：7.6 毫米

枪长：1 156 毫米

枪重：10.4 千克

弹容：弹匣 30 发

有效射程：550 米

理论射速：500 发 / 分

英国 刘易斯式轻机枪

第一次世界大战爆发后，美国人刘易斯带着自己的设计来到了英国伯明翰轻武器公司，并开始在这家公司的工厂里生产刘易斯式轻机枪。1915年，英国军队将刘易斯式轻机枪列为制式装备，该枪是世界上第一支真正意义上的便携式轻机枪。刘易斯式轻机枪在英国皇家陆军中有着重要的地位，在第一次世界大战结束后仍被使用了很多年。除英国外，还有许多国家在第一次世界大战期间装备了刘易斯式轻机枪，如澳大利亚、法国、挪威、加拿大、德国等。

设计特点

刘易斯式轻机枪设计新颖，体积小，质量轻，方便携带，机动性强，能够适应多种作战环境。

刘易斯式轻机枪基本数据

口径：7.62 毫米

枪长：1 283 毫米

枪重：11.8 千克

弹容：弹匣 47 发 / 弹鼓 97 发

有效射程：550 米

理论射速：500 发 / 分

老将出马

第二次世界大战中，英国军队用布伦式轻机枪换装了刘易斯式轻机枪，但敦刻尔克大撤退后，数量众多的刘易斯式轻机枪再度"上阵杀敌"。随着布伦式轻机枪产量的提高，刘易斯式轻机枪再度退居二线，成为英国地方志愿军的装备。

以色列 Dror 轻机枪

▶ **本土生产**

　　自 1946 年 12 月起，以色列开始建造兵工厂专门用于制造生产本国的轻机枪，性能可靠的 Dror 轻机枪就诞生在此时。

▶ **枪管**

　　Dror 轻机枪的枪管很长，可以有效地提高射程和射击精度。

　　1947 年，以色列在购进温彻斯特武器公司的詹森轻机枪的工艺装置后，制造出了 Dror 轻机枪。Dror 轻机枪使用弹药反冲力来完成退壳和上弹，可靠的反冲装置结构简单，这让 Dror 轻机枪具备了重量轻、维护简单的优点，并且可以快速更换枪管。该枪满足了当时以色列军队的性能要求，而且可靠耐用，在批量生产后的很长一段时间内，该枪都是以色列陆军的重要装备之一。

▶ **性能优良**

　　Dror 轻机枪的结构虽然简单，但性能十分优良。

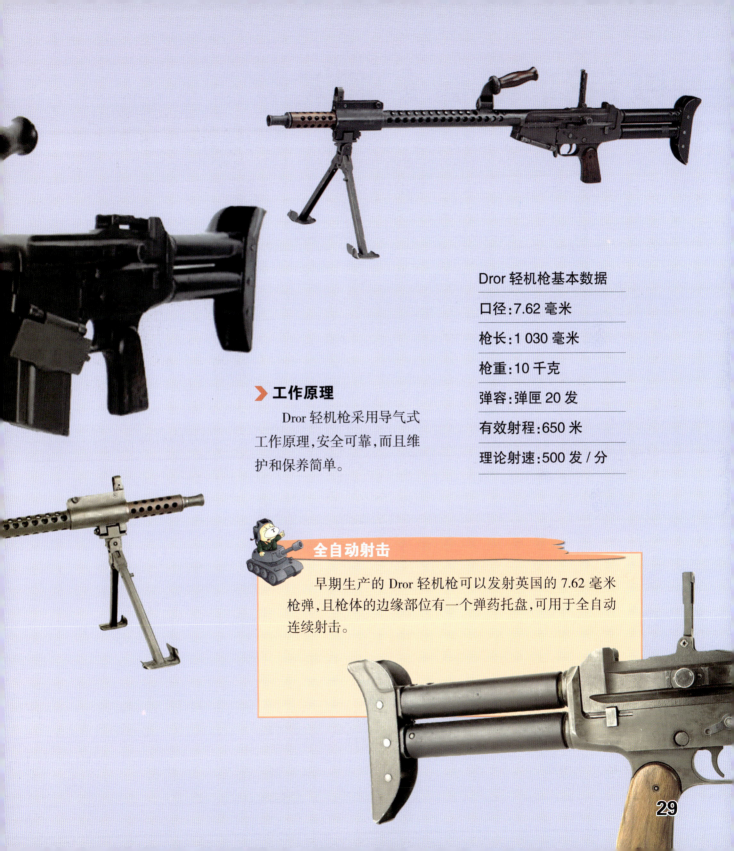

Dror 轻机枪基本数据

口径：7.62 毫米

枪长：1 030 毫米

枪重：10 千克

弹容：弹匣 20 发

有效射程：650 米

理论射速：500 发 / 分

▶ **工作原理**

　　Dror 轻机枪采用导气式工作原理，安全可靠，而且维护和保养简单。

全自动射击

　　早期生产的 Dror 轻机枪可以发射英国的 7.62 毫米枪弹，且枪体的边缘部位有一个弹药托盘，可用于全自动连续射击。

以色列 内盖夫轻机枪

内盖夫轻机枪基本数据

口径：5.56 毫米

枪长：1 020 毫米

枪重：7.6 千克

弹容：弹匣 30 发 / 弹链 150 发或 200 发

有效射程：600 米

理论射速：700~100 发 / 分

　　内盖夫轻机枪是一种由以色列军事工业公司制造的轻机枪。1995年，以色列军事工业公司完成了内盖夫轻机枪的总体设计。1996 年，内盖夫轻机枪通过实弹射击测试。1997 年，内盖夫轻机枪正式列装以色列国防军，并很快成为以色列国防军的制式轻机枪。内盖夫轻机枪可使用标准枪管或短枪管，枪托可折叠存放或展开，这使得内盖夫轻机枪可以在传统的军事作战或近距离战斗中使用。

优势地位

内盖夫轻机枪与同时代的竞争对手相比，具有重量轻、结构紧凑、坚固耐用、适合沙漠地区作战的优势。而且，在不降低火力和精准度的前提下，内盖夫轻机枪可以被临时改装用以执行特别作战任务。

捷克 ZB-26 轻机枪

> **》火力**
>
> ZB-26 轻机枪只能用弹匣供弹，频繁换弹匣造成的火力中断令该枪提供持续火力支援的能力有限。

　　ZB-26 轻机枪是捷克斯洛伐克布尔诺国营兵工厂在 20 世纪 20 年代研制的一种轻机枪。1926 年 4 月，该枪的样枪经捷克国防部验收合格，同年正式开始批量生产，并被定名为布尔诺国营兵工厂 26 型，即 ZB-26。ZB-26 轻机枪结构简单，动作可靠，在激烈的战争中和恶劣的自然环境下也不易损坏，使用、维护方便，只要更换枪管就可以进行持续射击。士兵经过简单的射击训练就可以使用该枪作战。

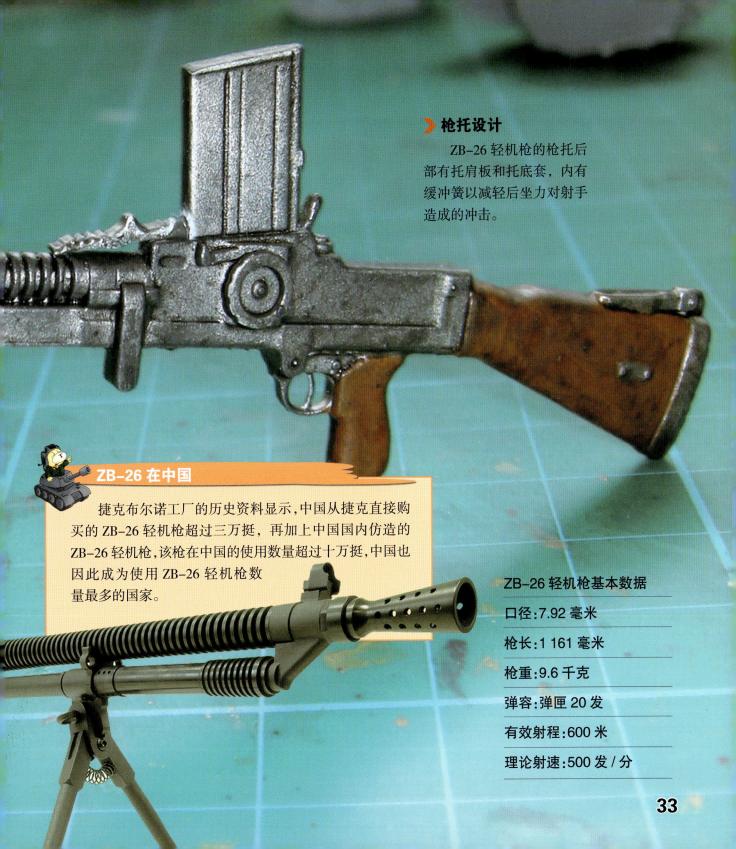

▶ 枪托设计

ZB-26 轻机枪的枪托后部有托肩板和托底套，内有缓冲簧以减轻后坐力对射手造成的冲击。

ZB-26 在中国

捷克布尔诺工厂的历史资料显示，中国从捷克直接购买的 ZB-26 轻机枪超过三万挺，再加上中国国内仿造的 ZB-26 轻机枪，该枪在中国的使用数量超过十万挺，中国也因此成为使用 ZB-26 轻机枪数量最多的国家。

ZB-26 轻机枪基本数据

口径：7.92 毫米

枪长：1 161 毫米

枪重：9.6 千克

弹容：弹匣 20 发

有效射程：600 米

理论射速：500 发 / 分

33

日本 大正 11 式轻机枪

> ▶ **枪管**
>
> 大正 11 式轻机枪的枪管表面有螺纹设计，可以加快散热。

供弹方式

大正 11 式轻机枪采用弹斗供弹，弹斗位于枪身左侧，其中可以容纳 6 个水平放置的容量为 5 发的弹匣。弹斗上方的盖子会向下施加压力，最底层的弹匣输弹完毕后，叠在它上面的弹匣会在压力作用下自动进入输弹位置。

大正 11 式轻机枪基本数据

口径：6.5 毫米

枪长：1 100 毫米

枪重：10.2 千克

弹容：弹斗 30 发

有效射程：600 米

理论射速：600 发 / 分

大正 11 式轻机枪是日本在第二次世界大战中使用的一种轻机枪,因其枪托为便于贴腮瞄准而向右弯曲,故在中国俗称为"歪把子"。在设计上,大正 11 式轻机枪有两个显著的特点:一是最大限度地遵循并且创造性地达到军队对其战斗性能的要求;二是最大限度地吸收和开创性地运用当时世界上先进的枪械原理。但是,大正 11 式轻机枪的结构和动作过于复杂,故障率极高。可以说,大正 11 式轻机枪是一款独具特色的机枪,但它并不是一款性能良好的机枪。

▶ 可靠性差

大正 11 式轻机枪的可靠性很差,虽然设计独特,但事倍功半。

▶ 独特的枪托

大正 11 式轻机枪的枪托除弯曲外,鱼尾形的外形也是其一大特点。

▶ 适应性差

大正 11 式轻机枪对气候环境变化的适应性很差,需要经常维护。

奥地利 AUG-HBAR 轻机枪

施泰尔 AUG-HBAR 轻机枪在 1978 年首次亮相，并于 20 世纪 80 年代初列装奥地利陆军。AUG-HBAR 轻机枪的枪管经冷锻成形，弹膛镀铬，机匣为铝制，压铸成形。AUG-HBAR 轻机枪采用无托结构，全枪长度很短，并大量采用塑料件，加工工艺性好，耐腐蚀。AUG-HBAR 轻机枪便于生产和维修，而且性能可靠，在射击精度、目标捕获和全自动射击的控制方面表现优秀。

AUG-HBAR 轻机枪基本数据

口径：5.56 毫米

枪长：900 毫米

枪重：4.9 千克

弹容：弹匣 30 发或 42 发

有效射程：600 米

理论射速：600 发 / 分

发射机构

一般情况下，AUG-HBAR 轻机枪采用开膛待击的发射机构，以加强散热。当然，作为模块化的 AUG 枪族之一，AUG-HBAR 轻机枪也可以换上闭膛待击的击发装置。

重机枪

美国 XM214 重机枪

　　XM214 重机枪是一种小口径转管机枪，该枪采用六根 5.56 毫米枪管。XM214 重机枪的分解过程简单，不用工具即可取出枪机。XM214 重机枪供弹机上设计有离合器装置，一旦松开电击发按钮，离合器立即使供弹机齿轮停止转动，安全可靠。在实际使用中，XM214 重机枪有 400~4 000 发 / 分的发射速率供射手选择。XM214 重机枪的枪身极重，不适合步兵使用，并且它的最高射速对于步兵来说也没太大用处。

▶ **"微型炮"**

　　XM214 重机枪又被称为"微型炮"，该枪在使用时需由两名士兵携带或装在三脚架和车载支架上。

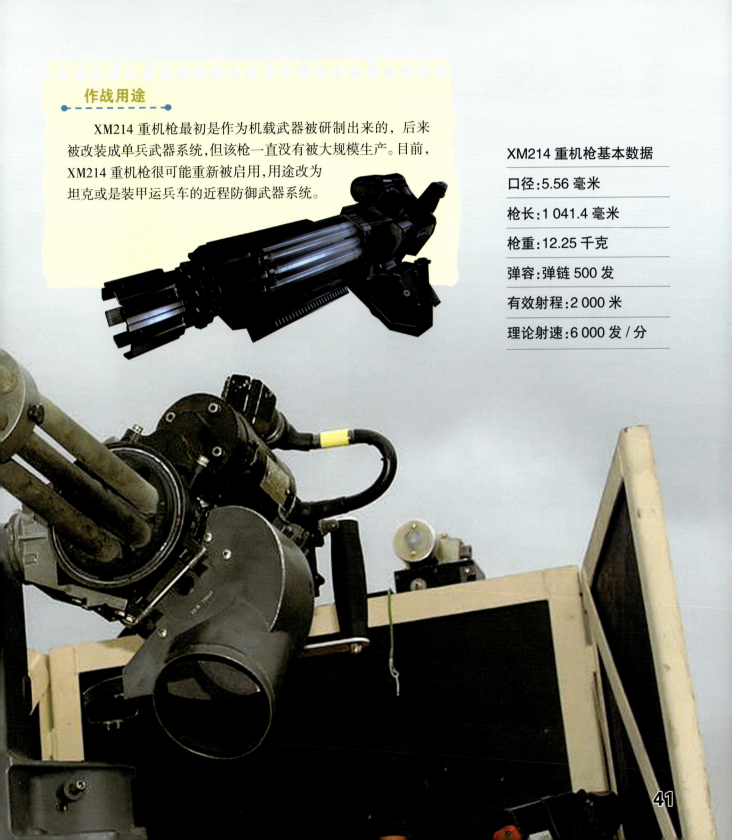

作战用途

　　XM214 重机枪最初是作为机载武器被研制出来的，后来被改装成单兵武器系统，但该枪一直没有被大规模生产。目前，XM214 重机枪很可能重新被启用，用途改为坦克或是装甲运兵车的近程防御武器系统。

XM214 重机枪基本数据

口径：5.56 毫米

枪长：1 041.4 毫米

枪重：12.25 千克

弹容：弹链 500 发

有效射程：2 000 米

理论射速：6 000 发 / 分

美国 XM312 重机枪

▶ 作战用途

XM312 重机枪采用先进的火控系统,后坐力较小,但射速较慢,主要用于对付移动速度较慢的地面目标。

XM312 重机枪是在 XM307 机枪的基础上,通过更换枪管和其他几个部件后研制出的一种新式 12.7 毫米口径机枪。XM312 重机枪主要用于取代在美军服役已久的勃朗宁 M2 重机枪,因此,XM312 重机枪的设计主要是针对 M2 重机枪的缺点而做的改进。XM312 重机枪的开发成本较低,因其与 XM307 的零部件大部分通用,所以该枪的研发时间也较短。此外,当部队同时使用 XM307 和 XM312 这两种机枪时,后勤维护的工作将得到最大限度的简化,便于野战维护。

XM312 重机枪基本数据

口径:12.7 毫米

枪长:1 346 毫米

枪重:13.6 千克

弹容:弹链 200 发

有效射程:2 000 米

战斗射速:40 发 / 分

> "轻型重机枪"

XM312 重机枪在武器分类中属重机枪,但与以往传统重机枪相比,该枪的重量大大降低,该枪因此得到了"轻型重机枪"的名称。不过,在步兵徒步作战中,XM312 重机枪还是太大太重,不便于携带。

美国 M134 重机枪

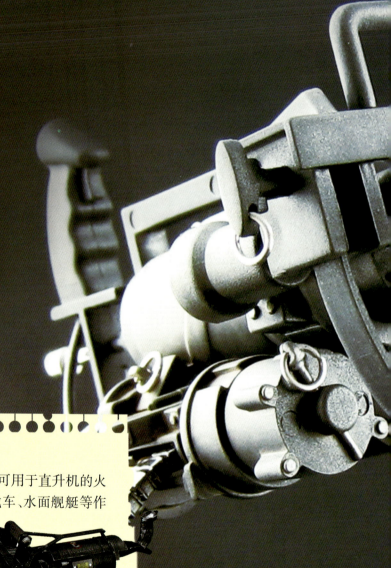

  M134 重机枪是美国在越南战争期间研制的六管航空机枪，该枪主要列装直升机，同时也可作为步兵的车载武器。M134 重机枪由美国通用电气公司设计生产，它凭借射频高、威力大等优点很快被用于实战。在实际使用的过程中，M134 重机枪暴露出了耐用性较差的问题。经过优化改进，M134 及其系列机枪的综合性能得到了极大的提高，尤其是在无须任何特殊养护的情况下，全枪的使用寿命也明显提高。

作战用途

  M134 机枪灵活机动，火力威猛，它不仅可用于直升机的火力压制和火力掩护，还可装备在轻型步兵战车、水面舰艇等作战平台上，具有惊人的威力以及极高的射速。

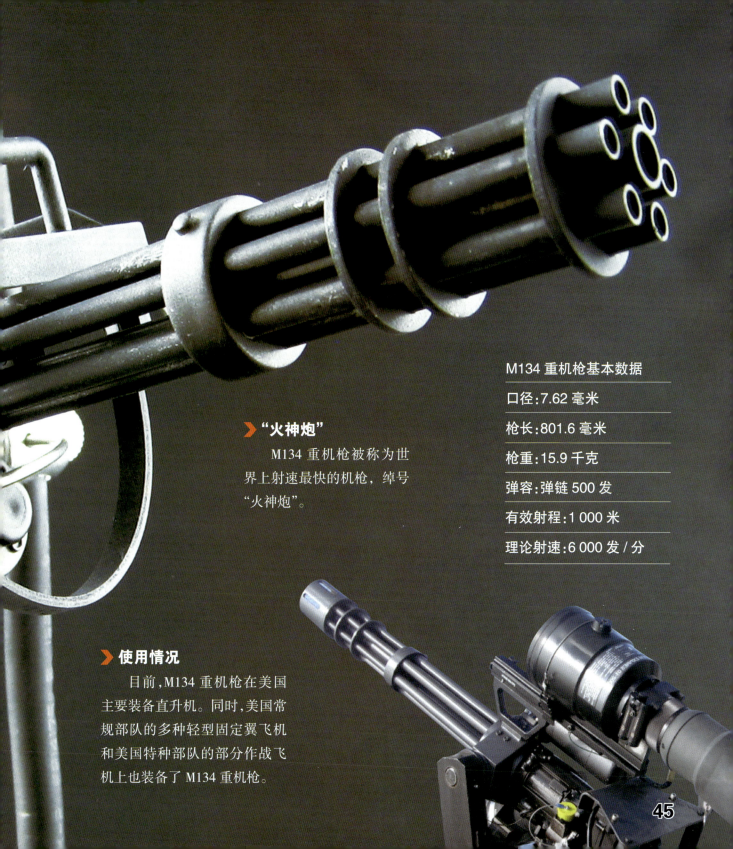

"火神炮"

M134 重机枪被称为世界上射速最快的机枪，绰号"火神炮"。

M134 重机枪基本数据

口径：7.62 毫米

枪长：801.6 毫米

枪重：15.9 千克

弹容：弹链 500 发

有效射程：1 000 米

理论射速：6 000 发 / 分

使用情况

目前，M134 重机枪在美国主要装备直升机。同时，美国常规部队的多种轻型固定翼飞机和美国特种部队的部分作战飞机上也装备了 M134 重机枪。

美国 马克沁重机枪

美国工程师马克沁从后坐现象入手，为武器自动连续射击找到了理想的动力。后来，马克沁又根据步枪的工作原理，进一步发展并完善了枪管短后坐自动射击原理，并于1884年制造出世界上第一支能够自动连续射击的机枪——马克沁重机枪。

马克沁重机枪自问世以来，便显示出优良的性能和巨大的实战功效。在第一次世界大战中，该枪大出风头。在索姆河战役中，德军使用马克沁重机枪仅用一天时间就击败约六万名英军，足以见其威力之大。

▶ 冷却方式

马克沁重机枪采用水冷的方式为连续高速射击时发热的枪管降温，以此实现单管枪的自动连续射击。可以说，这一设计堪称现代机枪设计的首创。

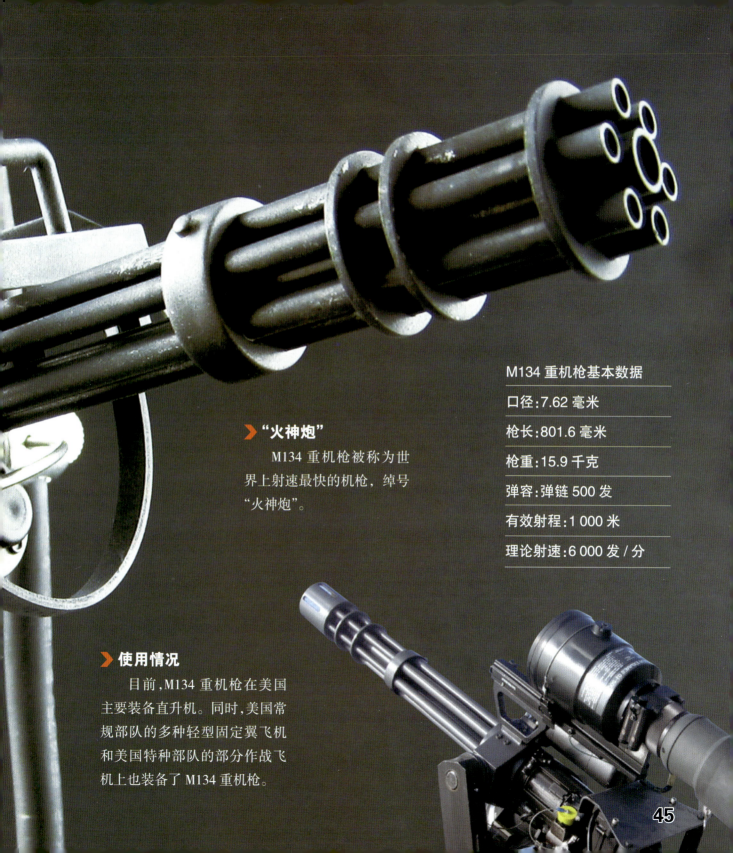

▶ "火神炮"

M134 重机枪被称为世界上射速最快的机枪，绰号"火神炮"。

M134 重机枪基本数据

口径：7.62 毫米

枪长：801.6 毫米

枪重：15.9 千克

弹容：弹链 500 发

有效射程：1 000 米

理论射速：6 000 发 / 分

▶ 使用情况

目前，M134 重机枪在美国主要装备直升机。同时，美国常规部队的多种轻型固定翼飞机和美国特种部队的部分作战飞机上也装备了 M134 重机枪。

45

美国 马克沁重机枪

美国工程师马克沁从后坐现象入手，为武器自动连续射击找到了理想的动力。后来，马克沁又根据步枪的工作原理，进一步发展并完善了枪管短后坐自动射击原理，并于1884年制造出世界上第一支能够自动连续射击的机枪——马克沁重机枪。

马克沁重机枪自问世以来，便显示出优良的性能和巨大的实战功效。在第一次世界大战中，该枪大出风头。在索姆河战役中，德军使用马克沁重机枪仅用一天时间就击败约六万名英军，足以见其威力之大。

▶ 冷却方式

马克沁重机枪采用水冷的方式为连续高速射击时发热的枪管降温，以此实现单管枪的自动连续射击。可以说，这一设计堪称现代机枪设计的首创。

马克沁重机枪基本数据

口径：11.43 毫米

枪长：1 070 毫米

枪重：27.2 千克

弹容：弹链 333 发

有效射程：1 500 米

理论射速：600 发 / 分

开创性

　　马克沁重机枪是世界上第一种真正成功利用火药燃气作为能源的自动武器。该枪不依靠任何外力推动，利用枪弹发射时火药气体产生的后坐力，通过特殊的曲肘式闭锁机构以及枪管短后坐自动方式，完成开锁、退弹壳、传送子弹、重新闭锁等一系列动作。

美国 加特林重机枪

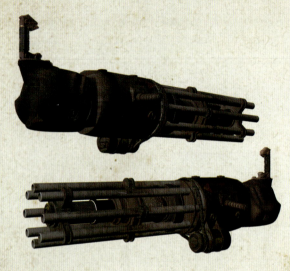

加特林重机枪最初被定名为"加特林连用速射武器",是美国枪械设计师理查·乔登·加特林于1860年设计完成的手动型多管机枪。可以说,加特林重机枪堪称现代机枪的先驱。19世纪时,当金属枪弹的发展逐渐走向成熟之时,美国的枪械设计师们开始了手动机枪的设计。美国内战时期,机枪受到高度重视。加特林重机枪于1866年正式被美国军队定为制式装备,并立即引起了当时世界各国军队的关注。

发展过程

早期的加特林重机枪结构较为简单,通过手摇转柄实现连续发射。改进后,加特林重机枪的枪管旋转能源来自于外部电动机或内部弹药气体压力。如今,加特林重机枪的发展经历了漫长的过程,并在战争的洗礼中成长起来。

加特林重机枪基本数据

口径:7.62毫米

枪长:801.6毫米

枪重:15.9千克

弹容:弹链4 000~5 200发

有效射程:2 000米

理论射速:3 000发/分

▶ 工作原理

　　加特林重机枪采用手把摇动 6~10 个枪管围绕轴心转动，使枪体产生猛烈的火力，用以对敌攻击。

▶ 设计初衷

　　在设计之初，加特林希望能发明一种火力强大的枪，一支枪能顶很多支步枪，从而减少战争中人员的伤亡。

▶ 引入中国

　　1874 年，加特林重机枪被引入中国，该枪在中国被称为"格林炮"或"格林快炮"。

美国 M1917 重机枪

　　M1917 重机枪是由美国著名枪械设计师勃朗宁设计的一种水冷式重机枪，该枪采用枪管短后坐式工作原理，卡铁起落式闭锁结构。机匣为长方体结构，内部为自动机构组件，整体结构较为复杂。M1917 重机枪较为笨重，但其持续火力强，动作可靠。

　　M1917 重机枪还有多种衍生型号，M1919 系列重机枪是在 M1917 重机枪的基础上发展而来的，枪身结构几乎没有改变，且大部分零件可以互换使用。只是，M1919 系列重机枪的冷却方式改为气冷式，枪体重量明显减轻。

M1917 重机枪基本数据

口径：7.62 毫米

枪长：968 毫米

枪重：15 千克

弹容：弹链 250 发

有效射程：1 500 米

理论射速：450~600 发 / 分

▶▶ 试验表现

在美国军方的射击试验中，M1917 重机枪完成了 48 分 12 秒的连续射击，可靠性能让军方信服。

设计背景

美国在第一次世界大战期间从法国购买了 M1915 重机枪，该枪在射击过程中容易卡壳，动作可靠性很差，在士兵中口碑很糟糕，被贬为世界上最差的自动武器。1917 年，美国国防部开始在国内寻求一种动作可靠的重机枪，M1917 重机枪应运而生。

▶▶ 大受欢迎

M1917 重机枪十分受欢迎，仅在第二次世界大战期间，生产商就向美国军方提供了近 5.4 万挺 M1917 重机枪。

美国 M1919A4 重机枪

第一次世界大战期间，美国军械局认识到水冷式重机枪在坦克中所占的空间太大，而且对于步兵来说过于沉重，因此，在第一次世界大战结束后，美国在勃朗宁M1917重机枪的基础上研制出了M1919系列机枪。

M1919A4重机枪是美国军队的制式武器。在第二次世界大战期间，M1919A4重机枪逐步取代了大多数M1917重机枪，成为第二次世界大战期间美国陆军最主要的连级机枪。第二次世界大战结束后，许多国家的军队还继续装备M1919A4重机枪。

M1919A4 重机枪基本数据

口径：7.62 毫米

枪长：1 044 毫米

枪重：14.06 千克

弹容：弹链 200 发

有效射程：1 000 米

理论射速：400~500 发 / 分

冷却方式

M1919A4 重机枪采用气冷的冷却方式，枪体的重量大大减轻，既可作为车载装备又可用于步兵携行作战。

自动循环

M1919A4 重机枪内装有自动机构组件，从枪弹击发到枪机再一次推弹入膛，都可以通过自动循环完成。

综合性能

M1919A4 重机枪的射程远，火力持续性强，但是该枪发射的枪弹威力有限，对于部队机动作战来说略显笨重，而且该枪无法精确瞄准，只能进行概略射击，作战效果大打折扣。

美国 M2 重机枪

M2 重机枪拥有很长的服役历史，该枪于 1921 年正式定型，并被列为美军制式装备，当时美军将其命名为 M1921，经过不断改进，该枪于 1932 年被正式命名为 M2 重机枪。M2 重机枪经常被用于架设火力阵地或装备在军用车辆上，以攻击敌方轻型装甲目标和正在集结的有生目标，有时也被用于低空防空。M2 重机枪具有火力稳定、命中率高的优点，其最大射程更是超过七千米。M2 重机枪凭借稳定的性能获得了强大的生命力，从 1921 年正式列装美军开始，M2 重机枪及其改进型号便一直服役至今。

▶ 改进之处

在 M1921 重机枪的基础上，M2 重机枪增加了后阻铁，以防止枪走火；M2 重机枪还去掉了小握把，在机匣后方安装了双握把，射手可以双手完成射击。

系列机枪

M2 重机枪现已逐步发展形成了包括坦克机枪、高射机枪、坦克并列机枪和航空机枪在内的 M2 系列机枪家族。

M2 重机枪基本数据

口径：12.7 毫米

枪长：1 653 毫米

枪重：38 千克

弹容：弹链 100 发或 200 发

有效射程：1 800 米

理论射速：450~580 发 / 分

▶ 性能优势

M2 重机枪发射大口径.50 BMG 弹药，具有火力强、弹道平稳、射程极远的优点。而且，M2 重机枪的后坐缓冲系统令其在全自动发射时十分稳定，命中率也较高，这让 M2 在车载射击的过程中能提供精度相对较高的火力。

美国 M2HB 重机枪

M2HB 重机枪名字中的 "HB" 是 "重型枪管" 的英文缩写,代表该机枪是 M2 重机枪的重型枪管型。M2HB 重机枪的使用方式主要以车载为主,只有遇到极为特殊的情况才单独使用,而且该枪的动作可靠,足以满足使用者的需求。在美军的现役轻武器中,M2HB 重机枪可以称得上是 "几朝元老",它曾参加过第二次世界大战、越南战争、朝鲜战争、科索沃战争、海湾战争、阿富汗战争、伊拉克战争等,并因显赫的战功而威名远扬。

▶ 改进

M2HB 重机枪取消了原本安装在 M2 重机枪上的液压缓冲器,大大简化了枪体结构。

▶ 作战用途

装配在轻型吉普车和步兵战车上的 M2HB 重机枪是一种火力非常强大的地面支援武器。

综合优势

M2HB 重机枪主要通过平台搭载的方式参与战斗,其重量并不会影响搭载平台的机动性,而且该枪已经定型生产几十年,性能逐步完善、成本低廉。该枪作为各种装甲车辆、自行火炮、船艇、直升机等作战平台的附属武器,备受青睐。

➤ 使用情况

　　如今，M2HB 重机枪的服役时间已经超过七十年，全世界约五十个国家的军队装备了该枪。

M2HB 重机枪基本数据

口径：12.7 毫米

枪长：1 653 毫米

枪重：38.2 千克

弹容：弹链 110 发

有效射程：1 650 米

理论射速：500 发 / 分

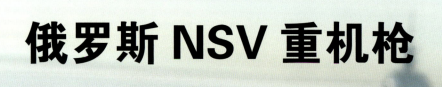

俄罗斯 NSV 重机枪

NSV 重机枪优越的整体性能和多处创新结构可与西方国家广泛使用的勃朗宁 M2 重机枪相媲美。NSV 重机枪采用了独有的侧向偏移式闭锁方式,枪机长度大大缩短。目前,很多国家已经装备了 NSV 重机枪。

▶ 综合优势

NSV 重机枪结构简单、操作方便,受到了各国士兵的喜爱,该枪整体性能也是同类机枪中最好的。

NSV 重机枪基本数据

口径：12.7 毫米

枪长：1 560 毫米

枪重：25 千克

弹容：弹链 50 发

有效射程：1 500~2 200 米

理论射速：700~800 发 / 分

▶ 枪口装置

NSV 重机枪的枪管前端装有喇叭式膛口防跳器，这一装置还兼有消焰作用。

▶ 整体特点

NSV 重机枪短而轻，但机框的重量比较大，从而保证了该枪在射击过程中的平衡性。

▶ 研制背景

苏联在第二次世界大战中研制出了 DShK 重机枪，但该枪故障率较高，而改进型 DShKM 重机枪机动性又差。到了 20 世纪 60 年代，苏联制定兵器现代化规划，开始研制 NSV 重机枪。

更换枪管

NSV 重机枪每发射 1 000 发子弹就需要更换一次枪管，枪管更换方法很简单，使用者只需拨动杠杆将机匣右侧的枪管锁拉出便可将其卸下。

俄罗斯 SG43 重机枪

SG43 重机枪是用于杀伤有生目标或对付低空飞行目标的重机枪,于第二次世界大战期间研制完成,并大量列装于苏联军队,从而取代了马克沁机枪,成为 DP 系列机枪的火力补充武器。SG43 重机枪采用底缘突出的枪弹,而为了使用弹链供弹,该枪不得不采取单程输弹、双程进弹的供弹方式,这造成了供弹机构复杂、维护不便的缺点。SG43 重机枪在服役过程中发挥了重要作用,它服役后为苏联作战部队提供了强大的火力支援。

发明者

SG43 重机枪的发明者是著名枪械设计师郭留诺夫,但可惜的是,在 SG43 重机枪列装苏联部队之前,郭留诺夫就去世了。

▶ 供弹过程

SG43重机枪的供弹机构在推第一发枪弹进膛的同时，枪机带动取弹机向前,取弹钩便将第二发枪弹钳住,而拨弹滑板在枪机框带动下向左运动,准备拨第三发枪弹。整个过程是:打响第一发,钳住第二发,待拨第三发。

▶ 机动性

SG43重机枪多被架设在轮子上，这样便可明显提高该枪的机动性,提高战场适应能力。

▶ 枪口装置

SG43重机枪的枪口有喇叭状消焰器,可明显制退,并减少枪口火焰和烟尘。

SG43重机枪基本数据

口径:7.62毫米

枪长:1 708毫米

枪重:13.8千克

弹容:弹链200发

有效射程:1 000米

理论射速:650发 / 分

俄罗斯 M1910 重机枪

　　日俄战争后期，两国都认识到了机枪的重要性，而俄国对机枪的研制生产给予了高度的重视，将更多的战略资源投入到该领域。于是，在马克沁重机枪的基础之上，俄国研制出了 M1910 重机枪。该枪于 1910 年正式列装军队，为俄国的军备武装注入了新鲜血液，并且成为第一次世界大战中俄国陆军及第二次世界大战中苏联红军的重要武器装备之一。在苏联与芬兰的冬季战争中，苏联士兵将 M1910 重机枪装在雪橇上，以便于在雪地环境中机动作战。

总体特点

　　M1910 重机枪在技术特点上与马克沁重机枪并没有太大区别，该枪采用枪管短后坐式工作原理，冷却方式为气冷式，枪口部位取消了制造工艺复杂的消焰器。M1910 重机枪的研制成功，巩固了当时俄国的军事力量，意义重大。

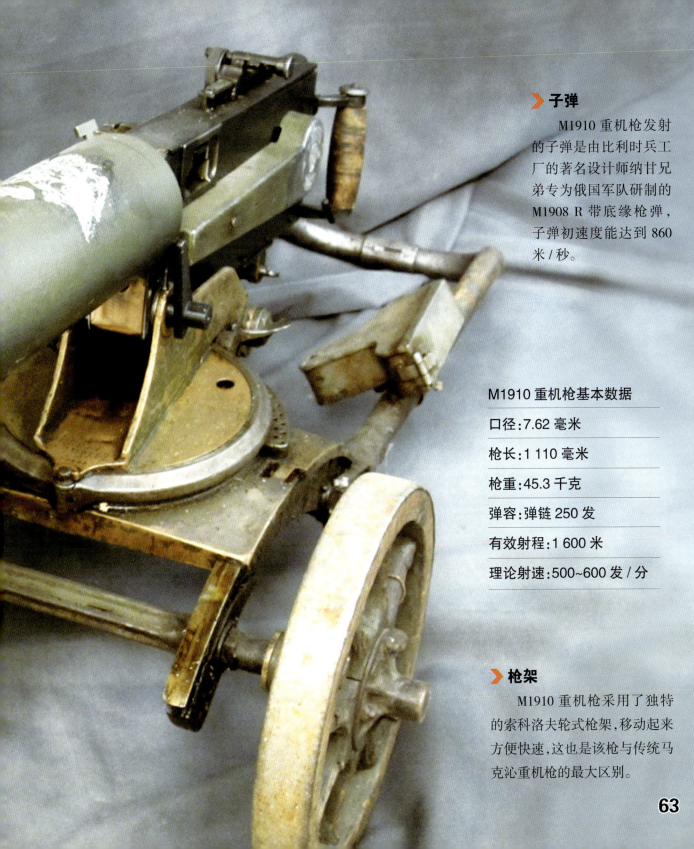

▶ 子弹

M1910 重机枪发射的子弹是由比利时兵工厂的著名设计师纳甘兄弟专为俄国军队研制的 M1908 R 带底缘枪弹，子弹初速度能达到 860 米／秒。

M1910 重机枪基本数据

口径：7.62 毫米

枪长：1 110 毫米

枪重：45.3 千克

弹容：弹链 250 发

有效射程：1 600 米

理论射速：500~600 发／分

▶ 枪架

M1910 重机枪采用了独特的索科洛夫轮式枪架，移动起来方便快速，这也是该枪与传统马克沁重机枪的最大区别。

63

俄罗斯 DShK 重机枪

> ▶ **作战用途**

在第二次世界大战中，DShK 重机枪通常被装在转轴三脚架上执行防空任务。

DShK 重机枪即"捷格加廖夫-斯帕金大口径机枪"，是苏联在第二次世界大战期间装备的重型防空机枪。DShK 重机枪是一种弹链式供弹、导气式操作、可全自动射击的武器系统。该枪采用开膛待击方式，闭锁机构为枪机偏转式，依靠枪机框上的闭锁斜面，使枪机的尾部下降，从而完成闭锁动作。第二次世界大战开始前，DShK 重机枪已生产了 2 000 挺，并被广泛应用于低空防御和步兵火力支援。

> ▶ **防护板**

DShK 重机枪使用的轮式射架上装有装甲防护板，可以在一定程度上保证射手的安全。

枪管设计

DShk 重机枪使用重型枪管,枪管前方为大型制退器,中部有散热环,用于提高该枪冷却能力,枪管后下方有用于与活塞套筒相结合的结合槽。

DShK 重机枪基本数据

口径:12.7 毫米

枪长:1 625 毫米

枪重:33.5 千克

弹容:弹链 50 发

有效射程:2 000 米

理论射速:600 发 / 分

俄罗斯 ZPU 系列重机枪

ZPU 系列重机枪基本数据

口径：14.5 毫米

枪管长：1 346 毫米

枪重：49.1 千克

弹容：弹鼓 100 发

有效射程：2 000 米

理论射速：2 200 发 / 分

瞄准装置

ZPU 系列重机枪的瞄准镜安装在枪架上，并加装照明装置，可在夜间进行瞄准射击。

枪架

ZPU 系列重机枪可以安装在四联枪架上，该枪架由行进装置、底座、托架、摇架、方向机、高低机、平衡机及瞄准具平行架等组成，可以用汽车牵引，能够在一定程度上增强战场适应能力。

1949 年，俄罗斯枪械师弗拉季米诺夫研制出了 ZPU 系列重机枪。该系列机枪能够射击 2 000 米内的空中目标和 1 000 米内的地面目标。自 ZPU 系列重机枪列装俄罗斯军队以及东欧国家部队后，这些国家地面部队的有效作战空间得到了大幅度地增加，对空作战的能力得到了加强。但 ZPU 系列重机枪仍存在着体积大、过于笨重的缺点，只能以牵引方式在公路上或在平坦的地面上执行作战任务。一旦遇到山地、丛林、峡谷等复杂地形时，该系列机枪则显得极不适应。

使用情况

　　ZPU 系列重机枪于 20 世纪 50 年代初列装苏联军队，近年来，俄罗斯军队在车臣的作战行动中曾使用过该系列机枪。

英国 维克斯 MK1 重机枪

维克斯 MK1 重机枪基本数据

口径:7.7 毫米

枪长:1 156 毫米

枪重:18.2 千克

弹容:弹链 250 发

有效射程:1 600 米

理论射速:500 发 / 分

维克斯 MK1 重机枪由英国维克斯公司研制生产。1912 年 11 月,英国军队正式装备该枪,并且在第一次世界大战和第二次世界大战中都使用了此枪。维克斯 MK1 重机枪性能可靠,使用广泛。该枪使用可快速更换的枪管和可容纳 4 升水的钢制枪管护套,这使它可以保持数小时的连续射击,提供强大的火力。不过,该枪重量过大,水和弹药使它很笨重,加上三脚架后总重约 38 千克,灵活性较差。有时,该枪也会因供弹故障而中止射击,理论射速较低。

冷却水

在连续射击 3 分钟后,维克斯 MK1 重机枪枪管护套内的冷却水就会沸腾,沸水中的气泡能增加对流冷却,从而加速枪管热量的散失。

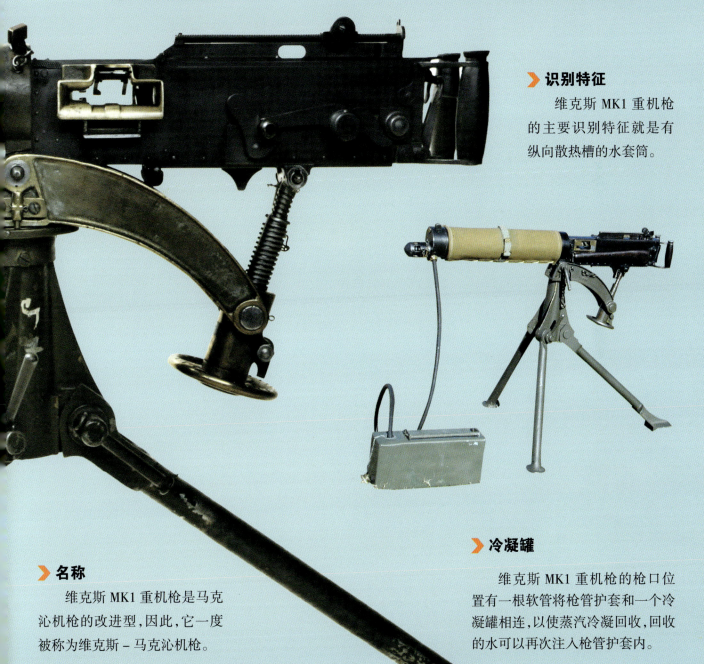

▶ 正式退役

1968年，英军宣布维克斯MK1重机枪退役。维克斯MK1重机枪的"从军"生涯已经超过五十年，在这漫长的过程中，维克斯MK1重机枪在英军中承担了重要的火力输出角色。

▶ 识别特征

维克斯MK1重机枪的主要识别特征就是有纵向散热槽的水套筒。

▶ 冷凝罐

维克斯MK1重机枪的枪口位置有一根软管将枪管护套和一个冷凝罐相连，以使蒸汽冷凝回收，回收的水可以再次注入枪管护套内。

▶ 名称

维克斯MK1重机枪是马克沁机枪的改进型，因此，它一度被称为维克斯－马克沁机枪。

法国 M1914 重机枪

M1914 重机枪基本数据

口径：7.92 毫米

枪长：1 270 毫米

枪重：12.5 千克

弹容：弹板 24 发

有效射程：1 600 米

理论射速：500 发 / 分

> **供弹方式**

M1914 重机枪采用弹板供弹，也可使用多个弹板连接在一起的弹带供弹。

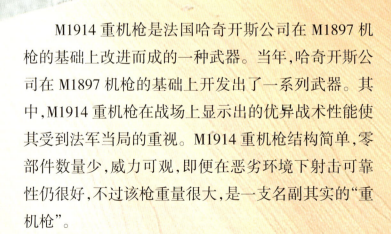

M1914 重机枪是法国哈奇开斯公司在 M1897 机枪的基础上改进而成的一种武器。当年，哈奇开斯公司在 M1897 机枪的基础上开发出了一系列武器。其中，M1914 重机枪在战场上显示出的优异战术性能使其受到法军当局的重视。M1914 重机枪结构简单，零部件数量少，威力可观，即便在恶劣环境下射击可靠性仍很好，不过该枪重量很大，是一支名副其实的"重机枪"。

▶ 技术特点

M1914 重机枪只能进行连发射击,冷却方式为水冷式。

▶ 多用性

M1914 重机枪可以安装在专用的高射枪架上,用于射击空中的目标。

实战表现

1916 年,在第一次世界大战的凡尔登战役中,法军曾凭借两挺 M1914 重机枪坚守一处阵地长达十日之久。M1914 重机枪在第一次世界大战中显示出了优异的战术性能。

▶▶ 平射枪架

M1914 重机枪可以安装在三种平射枪架上使用，分别是 1914 式、1915 式和 1916 式枪架。

大器晚成

法国是较早装备机枪的国家之一，早期的 M1897 机枪是世界上第一挺成功的导气式机枪，该枪在日俄战争中与马克沁机枪旗鼓相当。但是，法国军队始终没能给予其应有的重视。在第一次世界大战中，德军凭借马克沁机枪给英法联军以重创，这时，法军才意识到大威力自动武器的战术重要性，于是，法军开始大量列装 M1914 重机枪。

通用机枪

美国 M60 通用机枪

M60 通用机枪是第二次世界大战后美国制造的著名通用机枪,因火力持久而颇受美军士兵的青睐。1958 年,美军将该枪列为制式武器装备。M60 通用机枪自身优秀的性能和不断适应新战术环境的特点是很多机枪无法比拟的,为满足不同作战部队的需要,美国军方在 M60 通用机枪列装军队后推出了 M60E1、M60E2、M60C、M60D、M60E3、M60E4 等变型枪。现在,许多国家将 M60 通用机枪列为军队主要装备。

M60 通用机枪基本数据

口径:7.62 毫米

枪长:1 105 毫米

枪重:10.5 千克

弹容:弹链 100 发

有效射程:800 米(配备两脚架)

理论射速:550 发 / 分

辉煌战绩

1983 年,美国一支突击队曾用两挺 M60 通用机枪与两栖装甲车对抗,最后克敌制胜,营救出被劫持的英国总督斯库思。

▶ 实战表现

越战时期,美军士兵曾大量使用 M60 通用机枪,凭借其猛烈的火力压制越军。

美国 M240 通用机枪

M240 通用机枪基本数据

口径：7.62 毫米

枪长：1 232 毫米

枪重：10.9 千克

弹容：弹链 100 发

有效射程：1 800 米

理论射速：750 发 / 分

美国陆军从 20 世纪 80 年代中期开始使用 M240 通用机枪,随着美军战略调整的深入 ,M240 通用机枪的使用频率更高、使用范围更广, 除步兵大量装备 M240 通用机枪外,各种地面车辆、船舶和战机也逐渐装备 M240 通用机枪。

在美军现役的中型通用机枪中,M240 通用机枪并不是最轻便的,但该枪一直凭借值得信赖的可靠性而广受好评。与其他通用机枪相比,M240 通用机枪的设计仍不过时,而且其 26 000 发的故障平均发数(简称 MRBF)在通用机枪中是相当低的, 这也是 M240 通用机枪在美军中被重用的重要原因。

使用情况

20 世纪 80 年代 ,M240 通用机枪成为很受欢迎的步兵班用武器,并在 90 年代成为美国海军陆战队的装备之一。虽然 M240 通用机枪还没有完全取代 M60 通用机枪,但 M240 通用机枪已经成为了美军在战场上使用的重要武器之一。

俄罗斯PKP 通用机枪

 主要改进

PKP 通用机枪装配了强制气冷的新枪管，枪管表面不会形成影响瞄准的上升热气。

PKP 通用机枪基本数据

口径：7.92 毫米

枪长：1 219 毫米

枪重：11.05 千克

弹容：弹链 100 发或 200 发

有效射程：1 200 米

理论射速：650 发 / 分

枪管特点

PKP 通用机枪的枪管寿命较长，但该枪无法像大多数现代通用机枪那样快速更换枪管。

PKP 通用机枪是俄罗斯中央精密机械研究所在 PKM 通用机枪的基础上进行改进而研发出的一款新式机枪。PKP 通用机枪和 PKM 通用机枪之间有 80%的零件是可以互换使用的。PKP 通用机枪枪管表面有纵向散热开槽,并包裹有金属衬套。在射击时,枪口发出的火药气体会产生引射作用,使衬套内的空气向前方流动,从而起到冷却枪管的作用。目前,PKP 通用机枪已经小批量生产,并配发到部队中进行实战性的试验。

俄罗斯 PK/PKM 系列通用机枪

> **制造材料**

　　PK/PKM 系列通用机枪的多数金属部件由制造航炮炮管的精良钢材制造而成,具有很高的耐用性。

俄罗斯 PK 系列通用机枪是卡拉什尼柯夫于 1950 年根据 AK47 突击步枪的工作原理设计的通用机枪，并于 1959 年首先少量列装苏联军队的机械化步兵连。1969 年，卡拉什尼柯夫又推出一款 PK 通用机枪的改进型，改进之后的枪被称为 PKM 通用机枪。PK/PKM 系列通用机枪通常采用骨架形的胶合板枪托，配有一个折叠式两脚架，安装在导气管上。两脚架由钢板冲压成形，长度是固定的，不可以随意调整。两脚架在射击位置时可通过弹簧定位，折叠后的两脚架由一个冲压而成的钩固定。

PK 通用机枪基本数据

口径：7.62 毫米

枪长：1 173 毫米

枪重：9 千克

弹容：弹链 100 发或 200 发

有效射程：1 000 米

理论射速：690~720 发 / 分

▶ 设计特点

PK/PKM 系列通用机枪的枪管较轻，而且枪管上没有凹槽，枪托底板上设有翻转式的支肩板。

多种型号

PK/PKM 系列通用机枪有四种型号：PK/PKM 是采用两脚架的轻机枪基本型；PKS/PKSM 是配用轻型三脚架的重机枪型；PKT/PKTM 是用在坦克上的并列机枪，没有握把和枪托；PKB/PKBM 是车载机枪。

德国 MG34 通用机枪

>> **作战用途**

　　MG34 通用机枪是 20 世纪
30 年代德国步兵装备的主要机
枪,也是德国坦克和其他作战车
辆的主要防空武器。

MG34 通用机枪基本数据

口径:7.92 毫米

枪长:1 219 毫米

枪重:12.1 千克

弹容:弹链 50 发 / 弹鼓 75 发

有效射程:800 米

理论射速:800~900 发 / 分

　　MG34 通用机枪于 1934 年研制成功,是第一种大量
列装部队的现代通用机枪,是德军在第二次世界大战中
广泛使用的步兵武器之一,并在战斗中大显神威。从实
战效果来看,MG34 通用机枪在结构设计和总体性能上
都取得了巨大的成功。但 MG34 通用机枪的散热器、机
匣和很多零件都是用整块金属切削而成的,不但材料利
用率低,而且工艺复杂、加工时间长,生产成本较高,这
也限制了 MG34 通用机枪的大批量生产。

▶ **变型枪**

MG34 通用机枪有多种变型枪，包括 MG34 改进型、MG34S 型和 MG34/41 型。

▶ **主要优势**

MG34 通用机枪特别适合在碉堡、野战工事、装甲车辆等狭小空间内使用。

▶ **主要缺陷**

MG34 通用机枪射速较快，枪管很容易因为过热而出现故障。

多用性

MG34 通用机枪具有很强的战场适应能力，该枪可以用弹链或者弹鼓供弹，而且既可做轻机枪使用，又可做重机枪使用。如果将该枪架在高射枪架上，它便又成了高射机枪，战术用途较广泛。

83

德国 MG3 通用机枪

MG3 通用机枪的前身是 MG42 机枪,由德国莱茵金属有限公司于 1959 年开始生产,并于 1968 年进行改进后正式定名为 MG3 通用机枪,同时正式列装军队。MG3 通用机枪在性能方面具有火力强大、动作可靠的优点,在结构上广泛采用点焊、点铆工艺,机枪部件多为冲压件,生产工艺简单,成本较低,便于批量生产。

MG3 通用机枪基本数据

口径:7.62 毫米

枪长:1 255 毫米

枪重:11.05 千克

弹容:弹链 100 发或 200 发

有效射程:2 200 米(配备三脚架)

理论射速:700~1 300 发 / 分

❯ 供弹方式

MG3 通用机枪采用弹链供弹,双程输弹,单程供弹,既可平射,也可高射。

使用情况

    MG3 通用机枪除在德国生产并作为现役装备外,意大利、西班牙、葡萄牙和巴基斯坦等国均获得特许生产权。同时,奥地利、智利、丹麦、伊朗、挪威、苏丹和土耳其等国也装备了 MG3 通用机枪。

德国 HK21 通用机枪

HK21 通用机枪基本数据

口径:7.62 毫米

枪长:1 021 毫米

枪重:7.92 千克

弹容:弹链 100 发

有效射程:1 200 米

理论射速:900 发 / 分

▶ 使用情况

目前,除德国外,美国、挪威、巴西、葡萄牙、非洲和东南亚的一些国家都是 HK21 通用机枪的主要使用国。

HK21 通用机枪是一种轻重两用机枪,供弹方式为弹链供弹,也可以通过安装弹匣适配器使用步枪弹匣。当该枪配备两脚架时,可作为轻机枪使用,两脚架可安装在供弹机前方或枪管护筒前端两个位置。两脚架安装在供弹机前方可增大射界,但精度有所下降;安装在枪管护筒前端时,虽射界减小,但可提高射击精度。HK21 通用机枪配备三脚架时可作为重机枪使用。该枪也可配用高射瞄准镜、望远式瞄准镜或夜视仪等设备。

▶ **通用性**

　　HK21 通用机枪上 48% 的零
件都可与 G3 步枪互换使用。

比利时 MAG 通用机枪

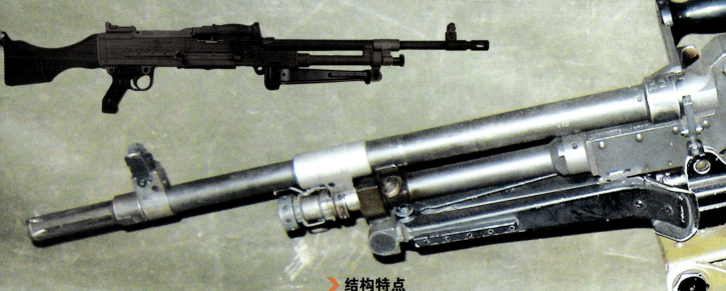

▶ 结构特点

MAG 通用机枪的机匣为长方形冲铆件，与枪管节套螺接在一起，遇到紧急情况，可迅速更换枪管。

MAG 通用机枪基本数据

口径：7.62 毫米

枪长：1 225 毫米

枪重：12.1 千克

弹容：弹链 100 发

有效射程：800 米（配备两脚架）

理论射速：800 发 / 分

▶ 战术配件

MAG 通用机枪既可配用两脚架，也可在需要时配用三脚架式高射架。

集众家之长

MAG 通用机枪的自动机参照美国 M1918 步枪，供弹机构则是仿照德国 MG42 机枪，集名枪优势于一身。MAG 通用机枪卸下枪托后还适宜在战车、碉堡等空间狭小的环境中使用。

MAG 通用机枪是比利时赫斯塔尔公司设计师欧内斯特·费尔菲于 20 世纪 50 年代设计定型并投产的，"MAG"的意思是导气式机枪。MAG 通用机枪汲取了多种枪械设计的精华，在设计上取得了巨大的成就，该枪战术用途广泛、结构坚固、动作可靠，可以说它在某些方面比美国的 M60 通用机枪更优秀，因此受到各国军队的喜爱。现在，该机枪列装于英国、美国、加拿大、比利时、瑞典等多个国家，其生产总量已经超过十五万挺。

图书在版编目(CIP)数据

火力覆盖——机枪／崔钟雷主编. -- 北京：知识
出版社，2014.6
（经典兵器典藏）
ISBN 978-7-5015-8013-2

Ⅰ．①火… Ⅱ．①崔… Ⅲ．①机枪 –世界 – 青少年读
物 Ⅳ．①E922.1–49

中国版本图书馆 CIP 数据核字（2014）第 123733 号

火力覆盖——机枪

出 版 人	姜钦云	
责任编辑	李易飏	
装帧设计	稻草人工作室	
出版发行	知识出版社	
地　　址	北京市西城区阜成门北大街 17 号	
邮　　编	100037	
电　　话	010-51516278	
印　　刷	莱芜市新华印刷有限公司	
开　　本	787mm×1092mm　1/24	
印　　张	4	
字　　数	100 千字	
版　　次	2014 年 7 月第 1 版	
印　　次	2014 年 7 月第 1 次印刷	
书　　号	ISBN 978-7-5015-8013-2	
定　　价	24.00 元